身边的科学真好玩

小蜜蜂，嗡嗡嗡

You Wouldn't Want to Live Without Bees!

[英] 亚历克斯·伍尔夫　文
[英] 大卫·安契姆　图
高　伟　译

时代出版传媒股份有限公司
安徽科学技术出版社

［皖］版贸登记号：12161627

图书在版编目(CIP)数据

小蜜蜂，嗡嗡嗡 /（英）亚历克斯·伍尔夫文；（英）大卫·安契姆图；高伟译. --合肥：安徽科学技术出版社，2017.4
（身边的科学真好玩）
ISBN 978-7-5337-7143-0

Ⅰ.①小… Ⅱ.①亚… ②大… ③高… Ⅲ.①蜜蜂-儿童读物 Ⅳ.①Q969.557.7-49

中国版本图书馆 CIP 数据核字(2017)第 047164 号

小蜜蜂，嗡嗡嗡　［英］亚历克斯·伍尔夫　文　［英］大卫·安契姆　图　高　伟　译

出 版 人：丁凌云　　选题策划：张　雯　王秀才　　责任编辑：张　雯
责任校对：程　苗　　责任印制：李伦洲　　封面设计：武　迪
出版发行：时代出版传媒股份有限公司　http://www.press-mart.com
　　　　　安徽科学技术出版社　http://www.ahstp.net
　　　　　（合肥市政务文化新区翡翠路 1118 号出版传媒广场，邮编：230071）
　　　　　电话：(0551)63533323
印　　制：合肥华云印务有限责任公司　电话：(0551)63418899
（如发现印装质量问题，影响阅读，请与印刷厂商联系调换）

开本：787×1092　1/16　　印张：2.5　　字数：40 千
版次：2017 年 4 月第 1 版　　2017 年 4 月第 1 次印刷

ISBN 978-7-5337-7143-0　　定价：15.00 元

蜜蜂大事年表

约2亿年前

最早的开花植物出现。

公元前15000年

有迹象表明人类开始收集蜂蜜。

约公元前3000年

古埃及人开始养殖蜜蜂。

约1.25亿年前

黄蜂进化为蜜蜂。

约公元前5000年

古代亚述和埃及的农民开始给枣椰树人工授粉。

约公元100年

罗马人用蜂蜜医治角斗士和士兵的伤口。

1750年

亚瑟·多布斯观察并描述了蜜蜂帮花朵授粉的方式。

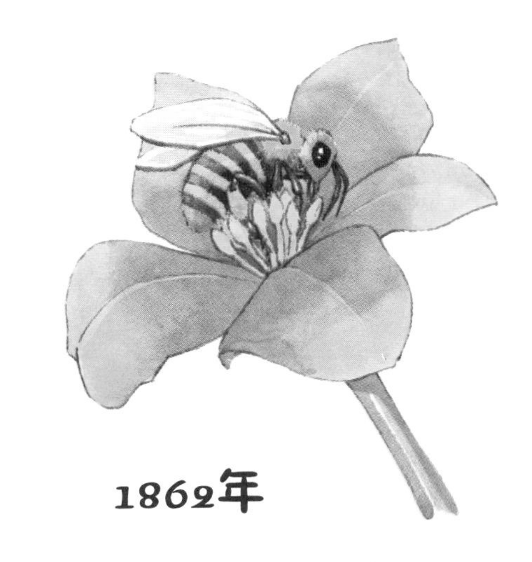

1862年

查尔斯·达尔文阐述了兰花种类繁多的原因，无论它们进化为何种形状和结构，都是为了吸引授粉者。

1676年

植物学家内赫米亚斯·格鲁发现，花粉必须落到花朵柱头上才能授粉成功，让植物结果。

1851年

洛伦佐·兰斯特罗斯设计出新式蜂巢，它们由活动框架组成。

2015年

国际自然和自然资源保护联盟警告说，欧洲10%的蜂类濒临灭绝。

蜜蜂的身体构造

蜜蜂完美适应了自己的生活方式。它的多种特殊器官让它可以飞行，看东西和嗅味道，采集和储存花蜜，采花粉及保护蜂巢。与所有的昆虫一样，蜜蜂的身体也由三部分组成：头部、胸腔和腹腔。头部包含蜂脑、蜂嘴和感觉器官；胸腔支撑蜂翅和蜂腿；腹腔则包括一些重要器官，如心脏、蜜胃、肠子和刺针。

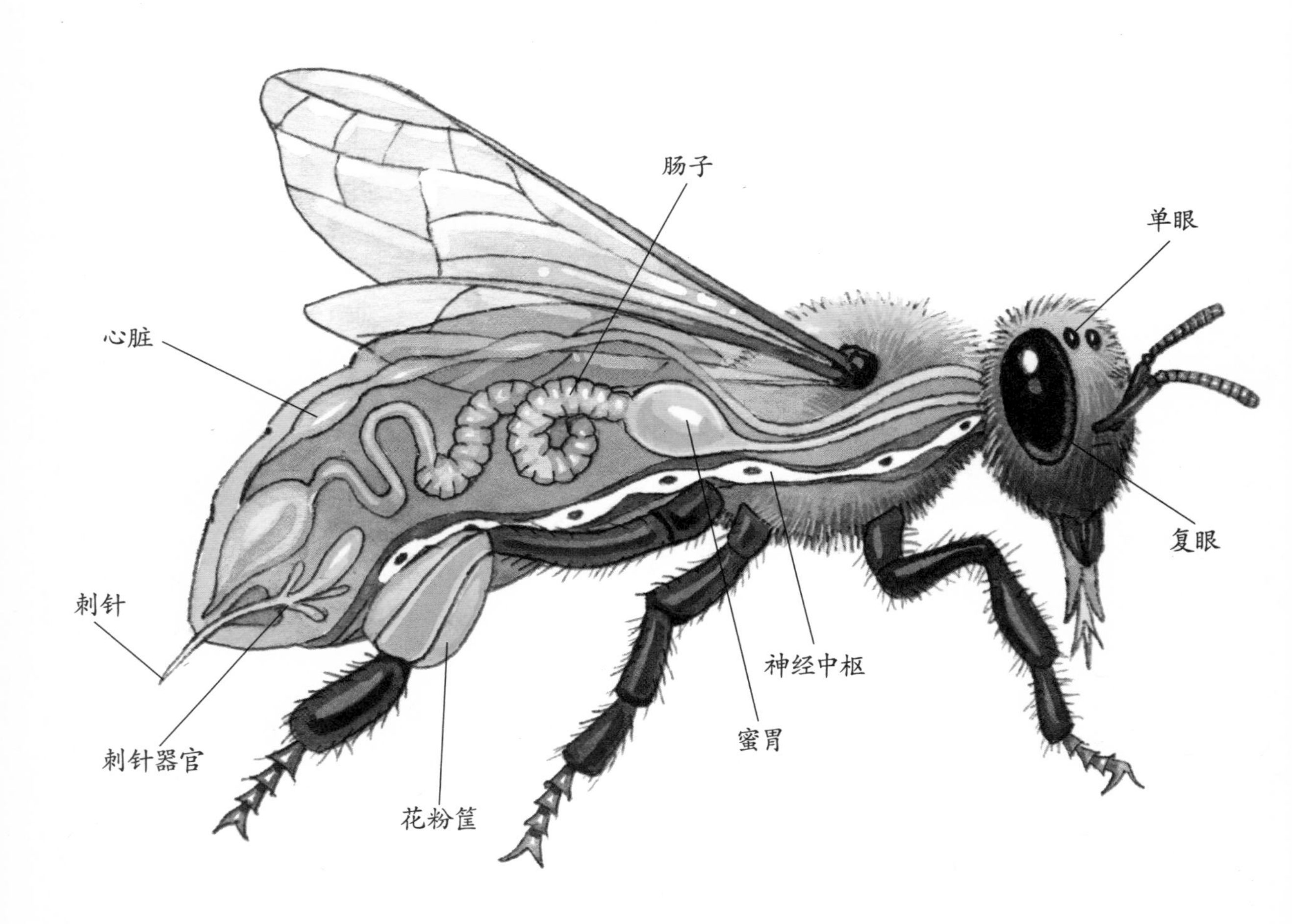

作者简介

文字作者：

亚历克斯·伍尔夫，曾在英格兰埃塞克斯大学学习历史。他创作了 60 多部儿童读物，不少是历史题材，其中包括《震惊世界的日子：萨拉热窝谋杀事件》《图片中的历史：一战影像》等。

插图画家：

大卫·安契姆，1958 年出生于英格兰南部城市布莱顿。他曾就读于伊斯特本艺术学院，在广告界从业了 15 年，后来成为全职艺术工作者。他为大量非小说类儿童读物绘制过插图。

目　录

导读

如果没有蜜蜂，这世界会发生什么事？大灾难会降临哦！当然，首先我们没有蜂蜜吃，此外，我们还会失去很多植物食材，因为它们要依赖蜜蜂为其授粉。超市里约一半的水果和蔬菜会消失不见！不仅如此，我们还会失去以那些植物为生的动物，以及以这些动物为生的其他动物！因此，在所有生物种类中，蜜蜂非常重要。你生活中可真的不能没有它！

蜜蜂是什么？

蜜蜂是能飞行的昆虫，它们与黄蜂和蚂蚁最为相似。事实上，蜜蜂就是从黄蜂进化而来的。蜜蜂以花蜜和花粉为食，而这些食物源于开花植物。蜜蜂用花蜜补充能量，绝大部分花粉用来养育幼虫。很多种类的蜜蜂都是成群结队聚居在一起的。这些蜜蜂种群有高度严密的组织，它们既勤劳又聪明，整个夏季都忙忙碌碌，为冬天准备足够的食物。

养蜂。人类养蜂的历史已有数千年。人们把蜂养在巢里，一方面可收集蜂蜜，另一方面蜜蜂还可以给庄稼授粉。

蜂蜜。在白糖还未普及之前，人类早就把蜂蜜当作甜味剂了。密封保存的蜂蜜不会变质。人们在古埃及陵墓中发掘出陶罐装着的蜂蜜，虽历经数千年，这些蜂蜜仍然可以食用。

神话。古希腊神话中，三位蜜蜂女神送给阿波罗神预知未来的能力当作礼物。非洲和亚洲的神话中也有蜜蜂的身影。

捕食者。有些鸟、昆虫和哺乳动物将蜜蜂当作食物，例如鸟类中的蜂鸟，昆虫中的蜻蜓和狼蜂，哺乳动物里的蜜獾、臭鼬、黄鼠狼、狐狸、熊和地鼠。

蜜蜂的身体有哪些部位？

前翅

后翅

我们来仔细看一看蜜蜂吧！看看它是如何运用身体各个部分的。蜜蜂一生中最重要的事有两样：采集开花植物的花蜜和收集它们的花粉，而蜜蜂的身体构造则相当适合做这两件事。蜜蜂身体外层是外骨骼（一层硬皮），可以保护其身体，外层上还有很多绒毛，可采集花粉和调节体温。

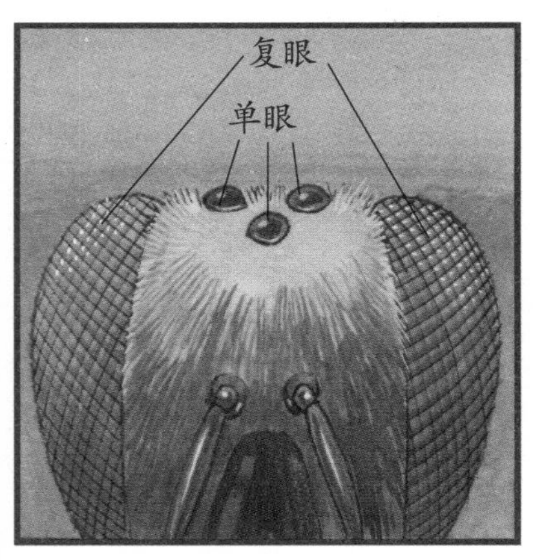

蜜蜂的眼睛。蜜蜂有 5 只眼睛：3 只单眼，用于探测光；2 只大复眼，由数以千计的眼细胞组成，用于探测移动中的物体及各种图案。

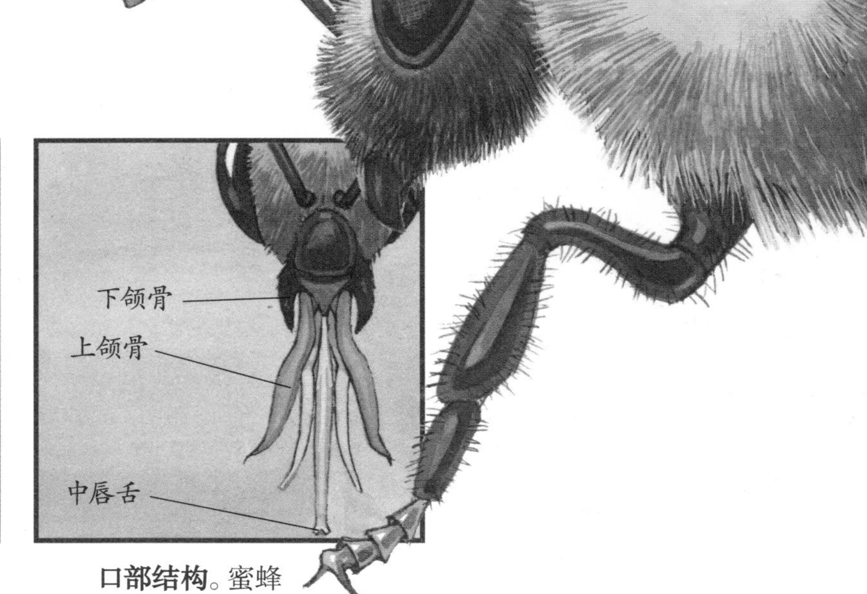

口部结构。蜜蜂有上颌与下颌，舌（中唇舌）呈管状。它落在花朵上后，会从下颌中伸出中唇舌，以吸取花蜜。

翅膀。蜜蜂的两对翅膀，由很薄的外骨骼组成，一排刺钩将前翅和后翅连接起来。这样一来，蜜蜂飞行时两对翅膀就能一起拍动。

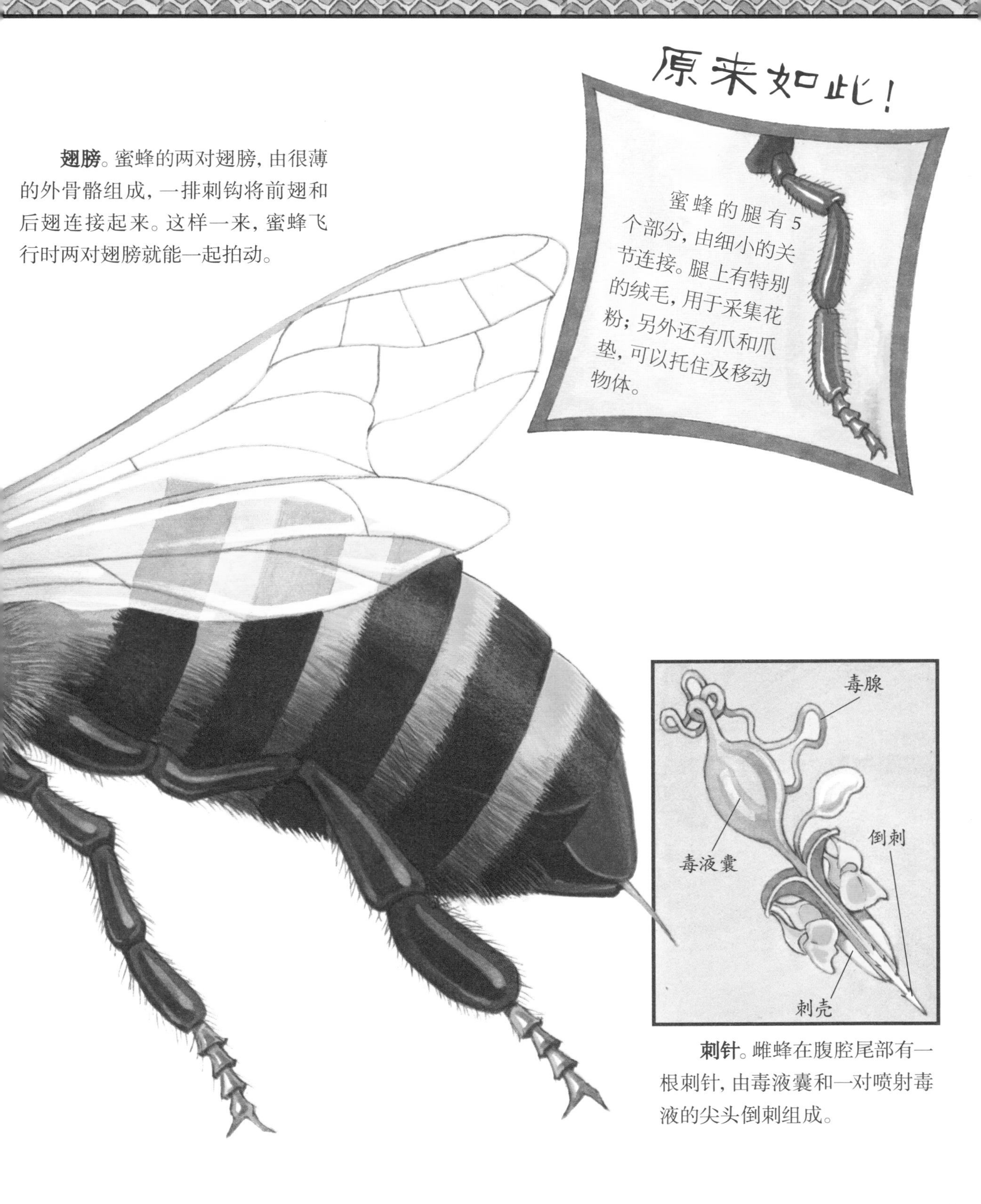

刺针。雌蜂在腹腔尾部有一根刺针，由毒液囊和一对喷射毒液的尖头倒刺组成。

蜜蜂有不同种类吗？

世界上大约有 2 万种蜜蜂，这还只是我们知道的品种！你可以根据蜜蜂的身体特点区分它们的种类，例如翅膀形状或舌的长度。它们有的喜欢群居，总是成群结队地生活在一起，例如酿蜜蜂、大黄蜂、无刺蜂等；有的则喜欢独居，例如木蜂。大部分人都对喜欢群居的蜜蜂比较熟悉，因为它们更为显眼。不过，其实群居的蜜蜂只占全部蜜蜂的 15%。

大蜂和小蜂。蜜蜂的体型有大有小，强大的切叶蜂有 4 厘米长，而无刺蜂中有一品种的长度还不到 2 毫米。

兰花蜂。兰花的花蜜隐藏在花朵深处，但兰花蜂的舌头很长，因而能汲取到兰花花蜜。

切叶蜂。切叶蜂可以用下颌在植物叶子上切出完美的圆片，然后用来筑成一排排蜂房。夏末时你可以看到叶子上那些洞。

寄生蜂。寄生蜂把卵产在其他蜜蜂的巢内，这些卵孵化成幼虫后，就吃其他蜜蜂准备的花粉，然后杀死并吃掉那些蜜蜂的幼虫。

鲜花为何需要蜜蜂？

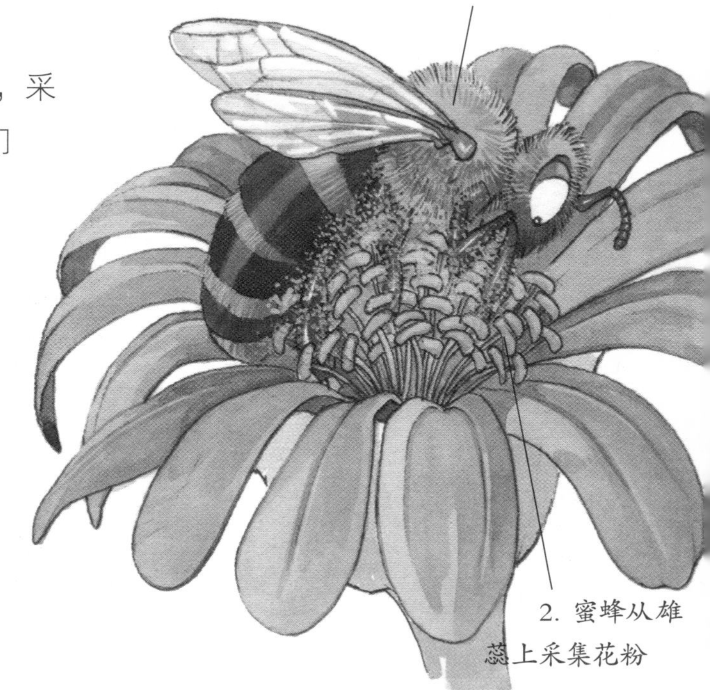

蜜蜂会在开花植物间飞来飞去，采集花蜜和花粉。同时，它们也在给这些植物授粉，或者说让植物受精。蜜蜂在采集花蜜和花粉时，雄蕊的一些花粉会粘在蜜蜂的绒毛上，当它飞到另一朵花上，部分花粉就会掉落在花的柱头（雌蕊）上。这便让植物得以受精，使其长出种子或结出果实。

颜色。花朵的颜色、形状和气味可以吸引蜜蜂。蜜蜂看不见红色，因而它们最喜欢黄色、蓝色、紫色和白色的花。

花蜜向导。有些花有花蜜向导，也就是一种图案，可以引导蜜蜂发现花蜜。那些图案只在人眼看不到的紫外线里显现。

舌头。蜜蜂舌头表层有短而硬的毛。舌头伸出时，那些毛可以抓到花蜜，蜜蜂收回舌头时，上面便都是花蜜了。舌头这一伸一缩的时间还不到半秒。

花粉筐

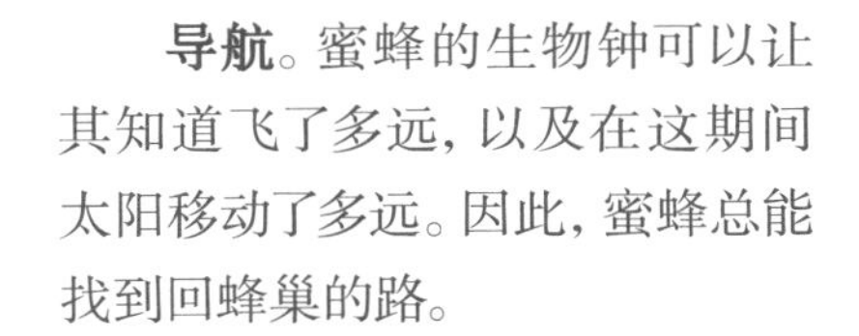

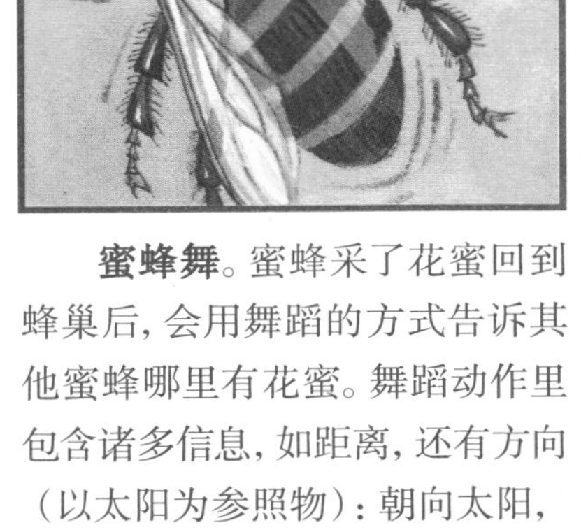

花粉筐。有些蜜蜂用前腿把花粉从身体表面刷到后腿上，然后揉紧放到“花粉筐”中带回蜂巢。

导航。蜜蜂的生物钟可以让其知道飞了多远，以及在这期间太阳移动了多远。因此，蜜蜂总能找到回蜂巢的路。

蜜蜂舞。蜜蜂采了花蜜回到蜂巢后，会用舞蹈的方式告诉其他蜜蜂哪里有花蜜。舞蹈动作里包含诸多信息，如距离，还有方向（以太阳为参照物）：朝向太阳，背对太阳，太阳左侧或是后侧。

蜂巢中的生活是怎样的？

蜜蜂的蜂巢是很繁忙的地方，不同的蜜蜂各司其职。蜂巢里有 2 万 ~3 万只蜜蜂，其中包括工蜂、雄蜂和一只蜂王。蜂房里所有的工作都由工蜂完成，而雄蜂只做一件事，那就是与蜂王交配。雄蜂不干活，蜂巢里通常只有春末和夏季才有雄蜂出现。

蜂巢里的工作。蜂王负责产卵，每天能产1500粒卵，比它身体还重。蜂王一生中的产卵量可以达到100万粒。年轻的工蜂则分泌蜂蜡，用来筑建和维修六角形蜂房,以便储存蜂蜜和花粉，给幼虫提供住所。它们还做其他很多事，如清洁蜂巢、喂养幼虫、照顾蜂王、移除垃圾、处理采回的花蜜，以及在蜂巢入口当哨兵。

原来如此！

蜂群要生存下去，蜜蜂就要互相交流才行。它们的交流方式有两种：一是跳舞，二是分泌一种叫信息素的化学物质。

我闻出你的意思了！

妈咪，你爱我吗？

我可有100万个孩子！

蜂巢外的工作。年纪较长的工蜂会出去采集花蜜、花粉和水。

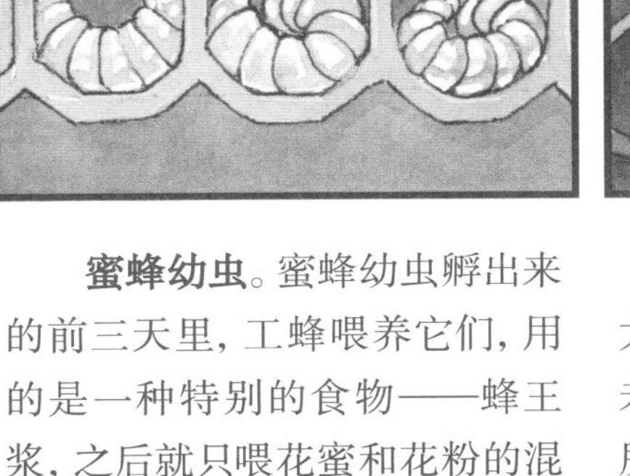

陛下，请用膳！

但愿我是工蜂就好了！

但愿我是雄蜂就好了！

蜜蜂幼虫。蜜蜂幼虫孵出来的前三天里，工蜂喂养它们，用的是一种特别的食物——蜂王浆，之后就只喂花蜜和花粉的混合物（花粉蜜）。

蜂王台。工蜂会筑造一个较大的蜂房，给未来的蜂王居住。未来蜂王在幼虫时期的食物便有所不同，其中会有更多蜂王浆。

变化。蜜蜂幼虫长到一定程度，工蜂会用蜡覆盖其蜂房，随后幼虫便开始化蛹。蛹成熟后，会嚼食蜡盖而出，成为蜂群中的一员。

蜜蜂为何成群结队?

看见黑压压的蜂群在空中盘旋，是件很可怕的事。不过，这却是蜜蜂生命周期里的自然组成部分。如果一个蜂群变得十分庞大，有些工蜂就收不到蜂王的信息素信号。对那些收不到信号的工蜂来说，这就像蜂王不存在一样，它们便会开始养育新的蜂王幼虫。新蜂王还没孵化出来以前，老蜂王便会带着忠实的追随者离开蜂巢，一起飞走的蜜蜂会紧紧围绕在蜂王周围，形成蜂群。

虚弱的飞行者。蜂王不如工蜂能飞，因而蜂群必须在某些地方休息一会，有时在树枝上，有时在篱笆上。然后，会有蜜蜂被派出去当侦察兵，看哪里有适合筑蜂巢的地方。

新的蜂巢。侦察兵回来后，会跳起摇摆舞，把发现的地方告诉其他蜜蜂。侦察兵越是喜欢那个地方，跳舞时就越发激动。最后，大家会选定一个最喜欢的地方，蜂群便飞去那里。

生死搏斗。我们回头来看看旧蜂巢吧。新孵出来的蜂王们会进行生死搏斗，直到只剩下最后一只，成为新的蜂王。

蜜蜂胡须。专业养蜂人有时会互相比赛，看谁能拥有最好看的蜜蜂胡须。他们先把蜂王放进一个笼子，然后把笼子挂在脖子上，等待工蜂集结在蜂王四周。

蜜蜂是如何酿蜜的？

蜜蜂以酿蜜出名。它们把蜂蜜储存在蜂房里，作为冬天那几个月的食物。酿蜂蜜的第一步是采集花蜜。花蜜不同，蜂蜜的颜色和味道也不同。例如，橙花蜜尝起来便略带橙子的味道。蜜蜂会先把花蜜储存在与正常胃相邻的蜜胃里。花蜜大约有70%的水分，要把花蜜变成蜂蜜，蜜蜂必须把含水量降低到20%。

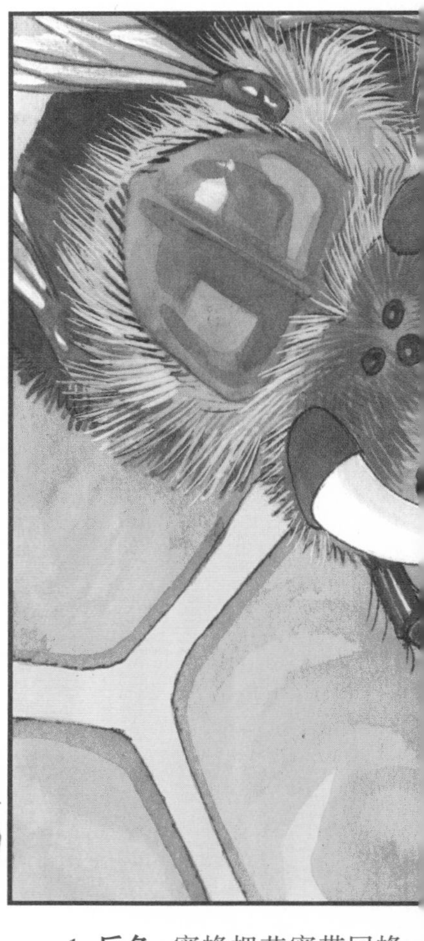

1. **反刍**。蜜蜂把花蜜带回蜂巢，然后吐进另一只蜜蜂嘴里。蜂房里那些内勤蜜蜂便开始咀嚼花蜜，然后吞下去，再吐给另一只蜜蜂，就这样周而复始，最后便把花蜜变成了蜂蜜。

2. **吹风**。这时的蜂蜜仍有很多的水分，于是工蜂就用翅膀对着装满蜂蜜的蜂房扇风，让更多的水分蒸发出去。

3. **加盖**。蜂蜜制好以后，蜜蜂用蜡盖把蜂房封住，让蜂蜜保持干净。制好的蜂蜜既浓又黏，极为甘甜美味。

你也能行！

你也可以做点事帮助蜜蜂。种一些鲜花，吸引蜜蜂来采蜜。可以种在园子角落，也可以种在窗台上的花盆里。蜜蜂最喜欢黄色的花！

辛勤的工作。8只蜜蜂花费一生，只能酿出一勺蜂蜜！下次你吃蜂蜜时，想想这一点……

养蜂人做哪些事？

人们从野外蜂巢收割蜂蜜，至少已有上万年的历史。后来，人们又渐渐学会人工养殖蜜蜂，了解蜜蜂的习性，知道如何利用这些特点增加蜂蜜产量。例如，当地鲜花盛开时节，专业养蜂人要确保蜂巢里正好有大量能觅食的工蜂，他们必须利用好蜜蜂的群居本能，不能让一半的蜜蜂在此时飞离蜂巢不回来。总之，要积累多年经验，才能成为一个成功的养蜂人。

郎氏蜂箱。现代蜂箱由活动框架组成，供蜜蜂酿蜜和喂养幼虫。目前，郎氏蜂箱最为常见，它是洛伦佐·兰斯特罗斯在19世纪50年代发明的。他最初是一名牧师，后来成为养蜂人。

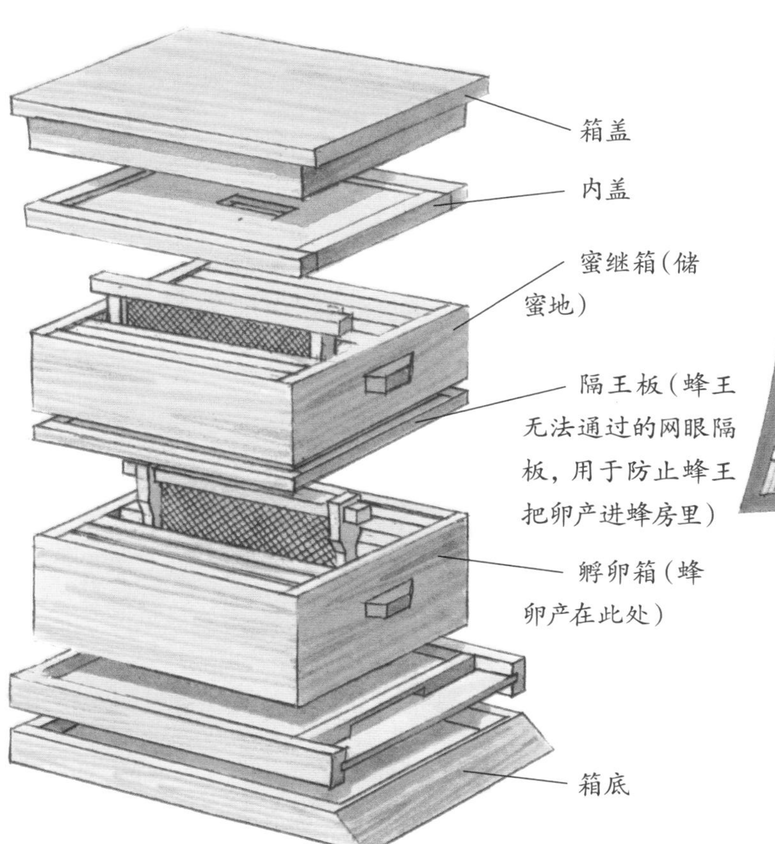

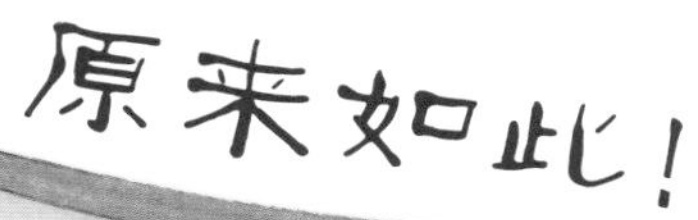

古希腊人4000年前就开始养蜂了。黏土制作的圆柱形蜂巢一排排堆叠，足至八层高。

烟。自古以来，养蜂人在割蜂蜜时会点烟熏蜂巢，蜜蜂受惊后会拼命大量吃蜂蜜。吸饱蜂蜜后的蜜蜂身体臃肿，行动迟缓，就顾不上蜇人了。

野蜂蜜。如今，在世界上很多地方，原住民仍然会从野蜂的蜂巢里割蜜。

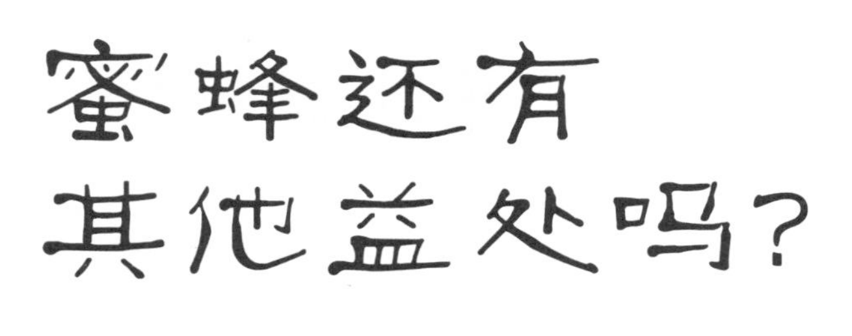

蜜蜂还有其他益处吗？

蜜蜂最重要的工作是给花授粉。蜂蜜只是顺带的福利而已！不过，蜜蜂也还有其他用处。例如，非洲人会设置“蜂巢栅栏”，来阻止大象践踏庄稼地。他们把蜂巢挂在金属丝上，环绕在农田周围。如果大象碰到金属丝，蜂巢便会晃动，蜜蜂就会飞出来赶跑大象。蜂巢栅栏的功能与电网栅栏有点类似，但造价却便宜很多，也不会伤害大象，而且蜂蜜和蜜蜂也不会受损失。

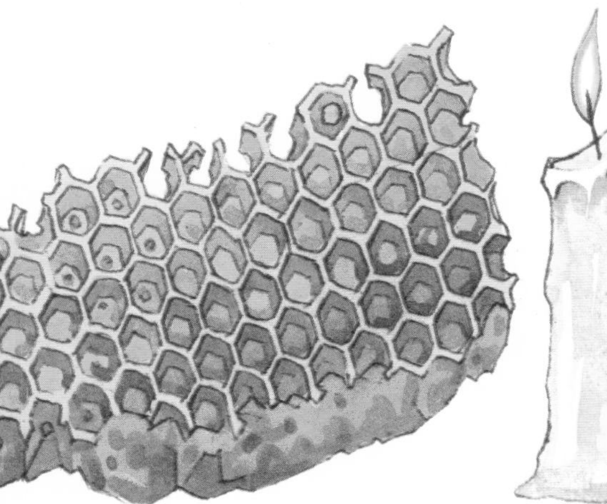

蜂蜡。蜂蜡是工蜂腹部下面 4 对蜡腺分泌的物质，用来筑建蜂巢。

蜂蜡融化后可用于制造蜡烛、化妆品、鞋油，甚至冲浪板蜡。

蜂蜜疗法。蜂蜜中含有杀菌物质，人们用蜂蜜治疗伤口的历史已有数千年。

杀真菌剂。研究人员通过实验发现，可以让蜜蜂给植物投放杀真菌剂。他们把杀真菌剂粉放在一个托盘里，摆在蜂巢外面，蜜蜂出来时会沾上那些粉，然后把粉带到花上。

毒液药。蜜蜂的毒液听起来不是啥好东西，但从中提取的化学成分可用于治疗多种疾病，例如神经痛和多发性硬化症。

蜜蜂面临着什么危险？

捕食者、疾病和寄生虫是蜜蜂一直需要面对的危险。但现在，它们还得面对人类带来的危险，如杀虫剂、栖息地减少，还有污染。2006年，养蜂人还注意到一种令人不安的新趋势：在北美洲和欧洲，蜜蜂群中的采蜜工蜂逐渐消失，只剩下蜂王和一些保育工蜂。没有了采蜜工蜂后，那些蜂群也很快灭绝，这被命名为“蜂群崩坏综合征”（CCD）。科学家怀疑，这种情况是多种因素共同造成的：寄生虫、农药和食物单一。

我感觉不大舒服……

寄生虫。蜂虱会附着在蜜蜂身上吸血，害死很多蜜蜂，并且传染疾病。蜂虱还可以从一个蜂群跳到另一个蜂群，造成蜜蜂大量死亡。

食物单一。蜜蜂需要不同的花粉作食物。灌木丛和草地越来越少，人们在一大片土地上种植一种庄稼，这让蜂群的生存变得越来越艰难。

污染。实验证明，汽车尾气里的化学物质可以改变花的气味，这使得蜜蜂难以发现食物源。

农药。为了防止虫害和消灭病菌，农民会给庄稼喷洒农药，但烟碱类农药对蜜蜂的危害极大。

蜜蜂杀人吗？

绝大部分蜜蜂都是爱好和平的，只会在受到威胁时才蜇人或动物。但有一类蜜蜂却是危险分子，我们称其为非洲杀人蜂。这种蜂1956年在巴西最早出现，是非洲蜂和欧洲蜂杂交后形成的蜂种。杀人蜂对人的出现非常敏感，很容易激发出警戒信息素，它们会数以万计地集聚起来袭击人。

蜜蜂蜇人。蜜蜂蜇人后，自己就会死亡，因为它们的毒刺上有倒钩，蜇了人飞开时，腹腔的一部分也会随之被扯出来。不过，有些蜂种的毒刺是光滑的，可以反复蜇人也没危险。

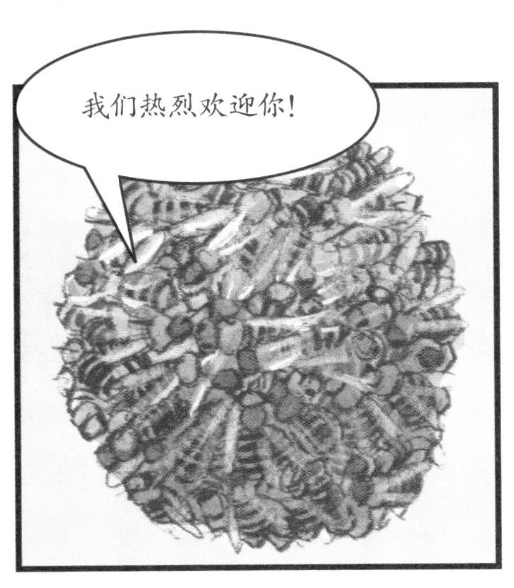

蜜蜂球。大黄蜂常常袭击其他蜂类的蜂巢抓幼虫，那些蜜蜂会奋起还击。多达500只的蜜蜂把大黄蜂围在中央，紧紧裹成一个"蜜蜂球"，使得内部的温度升高，慢慢把大黄蜂给"煮"死。

如果被蜜蜂蜇了，不要用手指去扯毒刺，这有可能导致更多的毒液进入体内。要用指甲或任何平边的东西把毒刺刮掉或拂去。

过敏。有些人被蜜蜂蜇了后会过敏，喉咙肿胀，难以呼吸，还可能引发皮疹。医生建议这类人随身携带治疗过敏反应的针药。

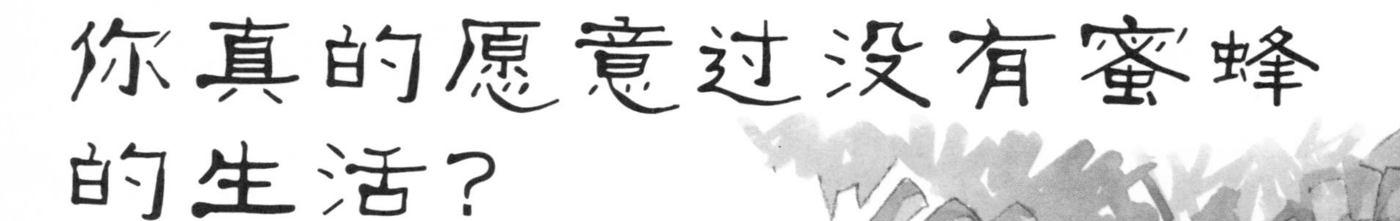

你真的愿意过没有蜜蜂的生活？

没有蜜蜂的世界会变得非常糟糕。我们喜欢的水果和蔬菜会大量消失，因为没有蜜蜂帮它们授粉。此外，蜂蜜和蜂蜡也没有了！我们还新探索出蜜蜂的其他用处，例如投放杀真菌剂，让大象远离庄稼地等。仅从我们目前对蜜蜂的了解来看，蜜蜂就很值得我们珍惜。蜜蜂整日忙忙碌碌，既聪明又无私，修筑的蜂巢也极为复杂，这样的昆虫令人称奇！我们仍然能从它们身上学到很多东西。

要酿出 1 千克蜂蜜，蜜蜂需要飞行 4 万千米，采集 100 万朵花的花蜜。

它们可真忙！对吧？

食物链。蜜蜂对人类有益。此外，它们也是几种鸟、蜘蛛和昆虫的食物。还有一些动物也喜欢吃蜂蜜，例如熊和蜜獾。

你也能行！

问问父母，看他们是否允许你在园子里放一个蜂窝，这可以给独居的蜜蜂提供住处，让它们可以顺利过冬。你可以买一个，也可用竹子或管子做一个。

蜜蜂喜欢的园子。人们如想帮助蜜蜂，可以种植一些它们喜欢的花、蔬菜和药草，如丁香、薰衣草、紫藤、西葫芦、南瓜、向日葵和金银花。

人们正尝试在城市里养蜂。“城市蜂”有时比“乡村蜂”更健康，因为城市的园子里农药会少很多。

因全球变暖，北美洲落基山脉的花大幅度减少。那里的蜜蜂为了适应环境，舌头变短，这样它们便能从更多种类的花朵里吸取花蜜。

术语表

Abdomen **腹腔** 昆虫身体的末端部分，内有大部分的器官。

Allergic **过敏** 与过敏症有关，是身体对有害物质做出的反应，例如对蜜蜂的毒液过敏。

Antenna(复数：antennae) **触须** 长在昆虫头部的感觉器官，又细又长。

Bacteria **细菌** 单细胞微生物，有的细菌会引发疾病。

Beeswax **蜂蜡** 蜜蜂分泌的蜡，用于修筑蜂巢。

Colony **群落** 动物聚居区。一类动物成群聚在一起，形成有组织的单位，例如蜂群。

Drone **雄蜂** 一个蜂群里的雄性蜜蜂，不干活，只负责与蜂王交配。

Foraging **觅食** 在野外到处搜寻食物。

Fungicide **杀菌剂** 一种可以杀死真菌的化学物质，真菌是一种致病有机物。

Global warming **全球变暖** 地球大气温度逐渐升高的现象，人们普遍认为是二氧化碳增多造成的后果。

Hexagonal **六角形** 有六个边的闭合图形，且所有的边长度相等。

Honeycomb **蜂巢** 蜡做的六角形蜂房结构，蜜蜂修筑其来储存蜂蜜和蜂卵。

Indigenous **土生土长的** 在一个特定的地方自然生活或生长的。

Larva(复数：larvae) **幼虫** 昆虫幼年的形态，一般没有翅膀，长得像虫子，出生时与其父母丝毫不像。虫卵先是变成幼虫，然后再化为蛹。

Mandibles **下颌** 昆虫嘴里用于粉碎食物的器官。

Nectar **花蜜** 鲜花分泌的一种甜味液体，可以吸引昆虫授粉。蜜蜂会采集花蜜酿蜂蜜。

Parasite **寄生虫** 生活在另一种有机物(宿主)体内(或身上)的生物，伤害宿主以获取营养。

Pesticide **农药** 一种物质，用于杀死对庄稼有害的昆虫和其他生物。

Pheromone **信息素** 动物释放出来、影响同类行为的化学物质。

Pollen **花粉** 细粉状物质，一般为黄色，由鲜花的雄性部分(雄蕊)产出。

Pollination **授粉** 花粉从一朵花迁移到另一朵花，从而使雌蕊受精。迁移的媒介有多种，如风、昆虫或其他动物。

Pupa **蛹** 生物从幼虫发育为成虫过程中的一个阶段，通常包裹在一个格子或茧里。

Pupate **化蛹** (幼虫)变成蛹。

Regurgitate **反刍** 把(吞下的食物)返回嘴里。

Thorax **胸腔** 昆虫身体的中间部分，居于头部和腹腔之间，昆虫的腿和翅膀长在这一部分。

Ultraviolet **紫外线** 人类肉眼看不见的一种射线，波长比可见光线短。

蜜蜂的出众才艺

1. 蜜蜂的翅膀一秒钟可以拍击200次，这样便产生了我们熟悉的嗡嗡声；它们每小时平均飞行24千米。

2. 蜜蜂能识别人类的脸。它们先是记住人脸的各个部位，例如眉毛、嘴唇和耳朵，然后把这些部分组合成整张脸。

3. 蜜蜂能识别的气味有170种，而果蝇则仅为62种。这种能力使蜜蜂能区分成百上千种花香。

4. 蜜蜂用1/300秒便能区分出不同的影像，而人类则需花1/50秒才能做到这一点。因此，如果蜜蜂看电视的话，看见的便是一帧一帧单独的画面。

5. 蜂王能控制自己产雄卵还是雌卵。

6. 工蜂的工作会因年龄而变化：一两天大时，它们清扫蜂巢；3~11天大时，他们喂养幼虫；12~21天大时，它们修筑蜂巢，去除蜂巢里生病或死亡的蜜蜂，担当哨兵；从22天直到死亡，它们外出觅食。

7. 蜜蜂可以计算出不同花蜜源之间的最短距离，从而减少飞行时间。它们的小脑袋只有一粒芝麻大，却能解答这样高度复杂的数学题。

蜜蜂舞

一旦发现新的花蜜源，蜜蜂就会回到蜂巢，把采集的花蜜交给其他蜜蜂，再开始跳舞，说明花蜜源离蜂巢的距离、方向，以及花蜜的质量和数量。它们跳的舞分两种：圆圈舞和摇摆舞。

圆圈舞

跳圆圈舞时，蜜蜂向左向右交替转圈。圆圈舞表示花蜜源在32米范围内。花蜜源越好，蜜蜂跳的时间就越长，也显得更兴奋。圆圈舞并不能告诉其他蜜蜂往什么方向飞，但那些蜜蜂可以记住花蜜样品的气味，知道如何找到花蜜源。

摇摆舞

跳摇摆舞时，蜜蜂作短距离的直线飞行，有力地摇动腹部，然后飞一个环形，再沿直线反向飞出另一个环形。这表示花蜜源超过32米远。画环形的速度越快，表示花蜜源越近。蜜蜂画环形时，还会嗡嗡叫，这是另一种表明距离的方式：叫的时间越长，表示花蜜源离得越远。

直线的方向表明蜜蜂应该飞行的方向，是以太阳为参照物的。如果花蜜源与太阳在同一方向，蜜蜂跳舞时会垂直向上；如果与太阳方向正好相反，就垂直向下；如果在太阳右方，则以直角向右飞。

你知道吗？

• 蜜蜂是唯一能给人类提供食物的昆虫。

• 尽管蜂蜜的主要成分是糖，但它还含有 200 种不同物质。

• 人们发现，在食物供应不足时，蜜蜂会吃同伴和幼虫。

• 在夏季，蜂王一天产的卵多达 2500 粒。

• 只需补充 28 克蜂蜜作能量，一只蜜蜂就能绕地球飞行一圈。

• 蜜蜂是冷血动物，通过抖动产生热量。如果遭遇冷雨，蜜蜂很快就会丧失飞行能力。

• 科学家正设法训练蜜蜂，让它们可以嗅出机场和战区的炸弹。

• 蜜蜂使用一种称为蜂胶的树脂，来加固蜂巢。蜂巢上取下的蜂胶可用来治疗细菌、病毒和真菌引起的疾病。

• 数学家通过计算发现，蜂巢中的六角形蜂房是自然界最高效的结构之一，因为这种结构使用的蜂蜡量最小。

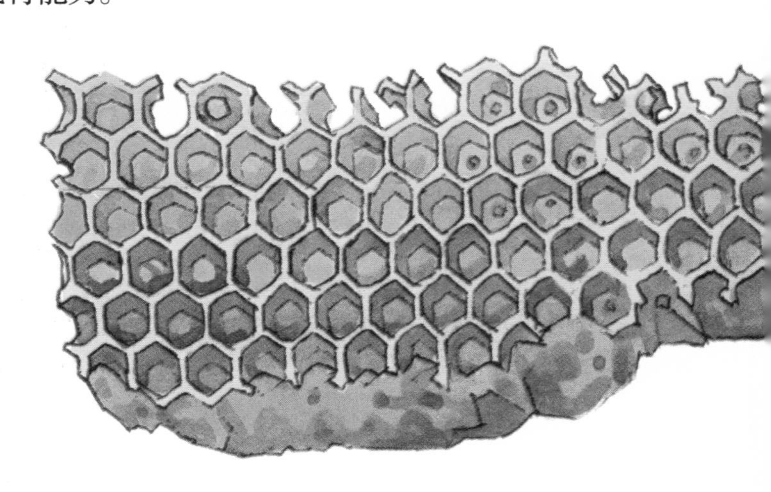

致　　谢

“身边的科学真好玩”系列丛书在制作阶段，众多小朋友和家长集思广益，奉献了受广大读者欢迎的书名。在此，特别感谢妞宝、高启智、刘炅、小惜、王佳腾、萌萌、瀚瀚、阳阳、陈好、王梓博、刘睿宸、李若瑶、丁秋霖、文文、佐佐、任千羽、任则宇、壮壮、毛毛、豆豆、王基烨、张亦尧、王逍童、李易恒等小朋友。